KITCHEA Ⅰ

KITCHEA Ⅰ

출판사 : 도시계획
발행인 : 고경철
주　소 : 경기도 안양시 만안구 안양동 13
전　화 : 031-473-2213
가　격 : ₩68,000원

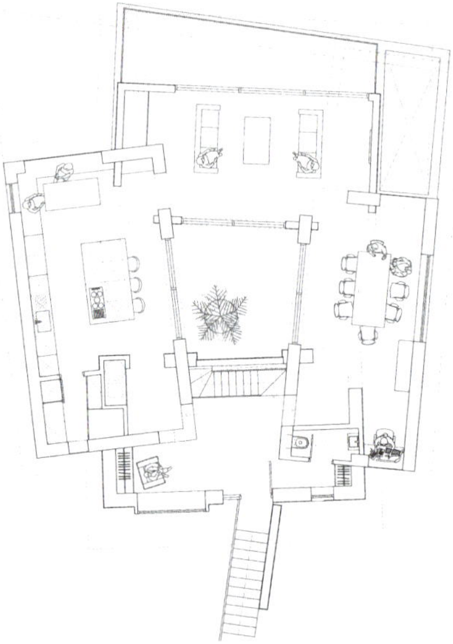

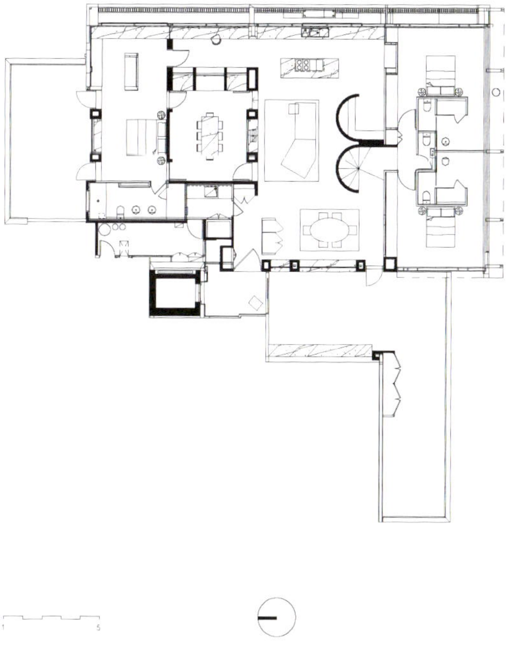

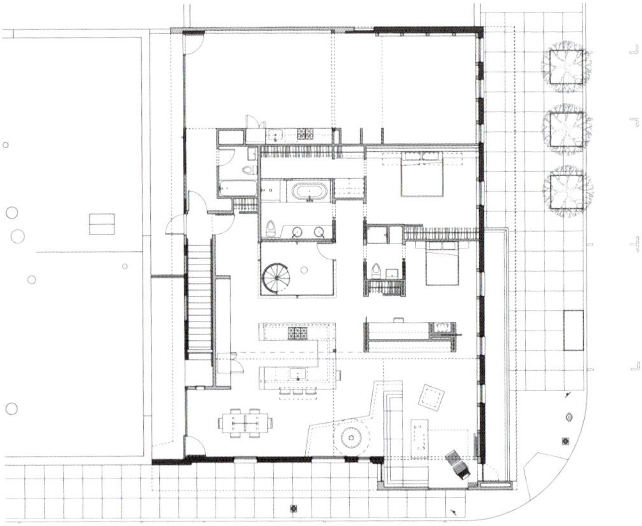

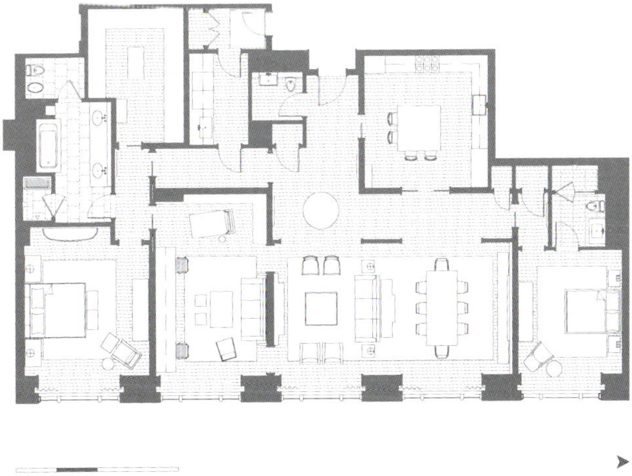

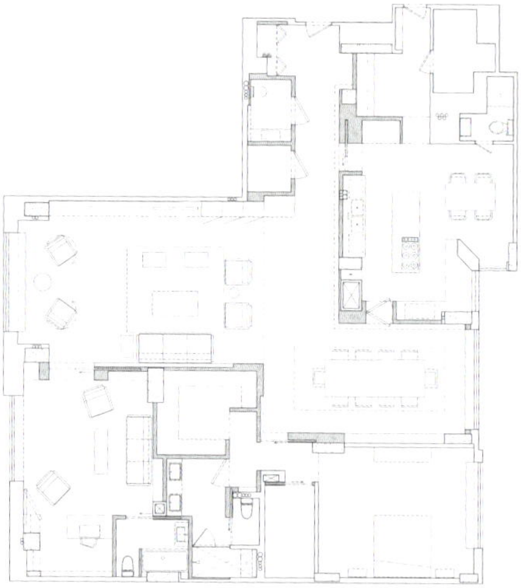

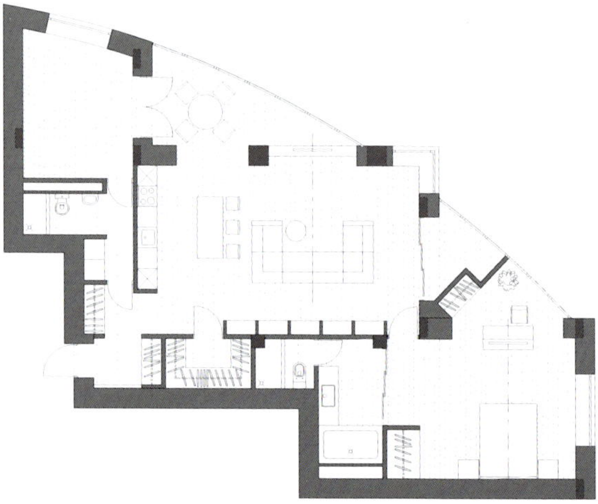

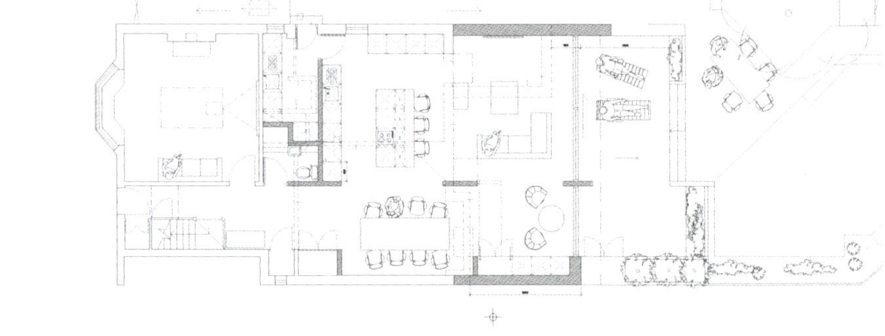

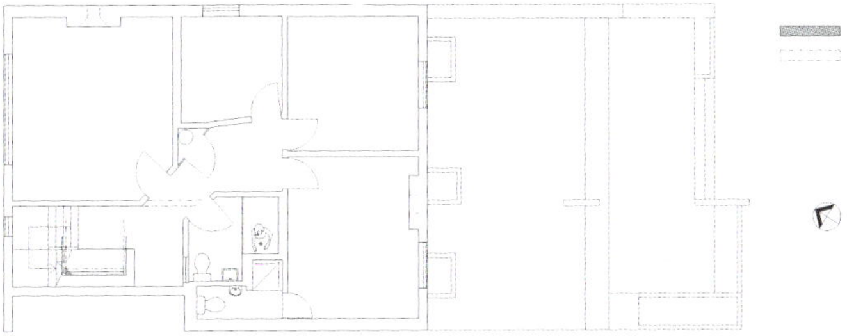

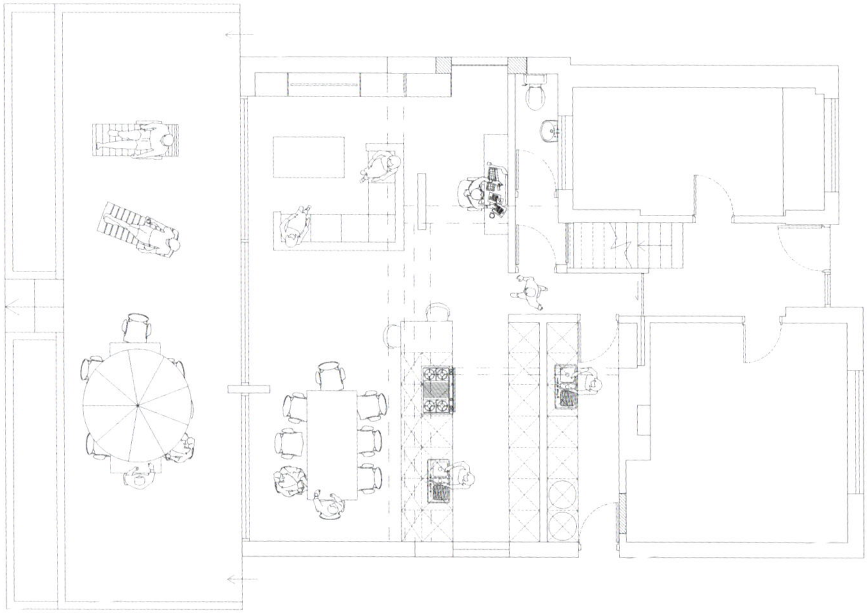

Miele
Miele

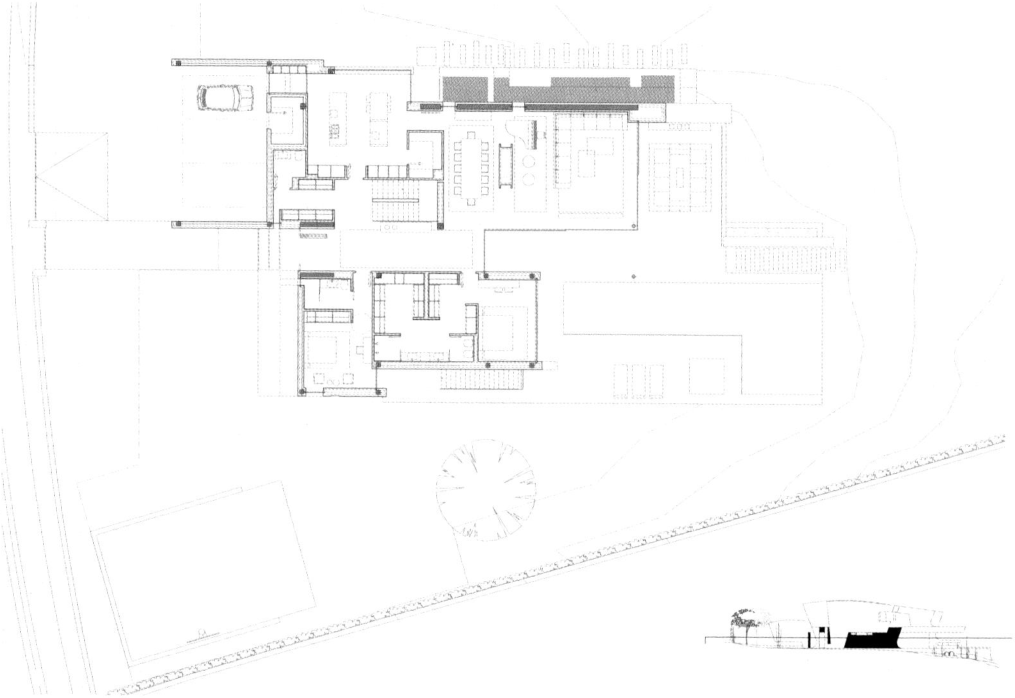

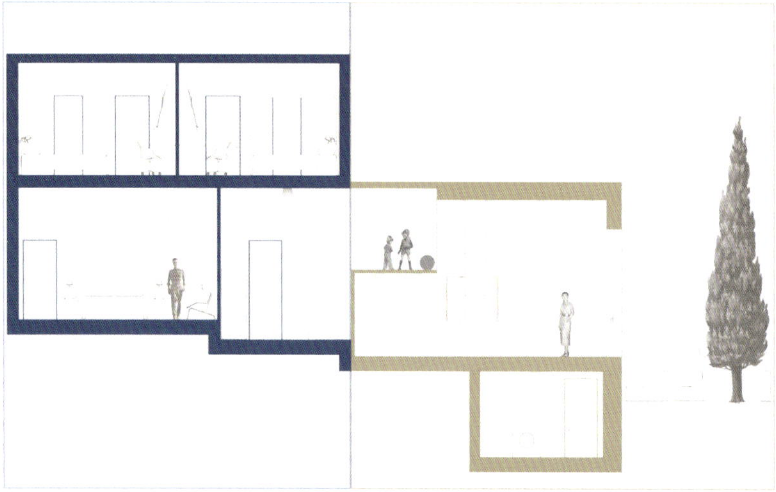

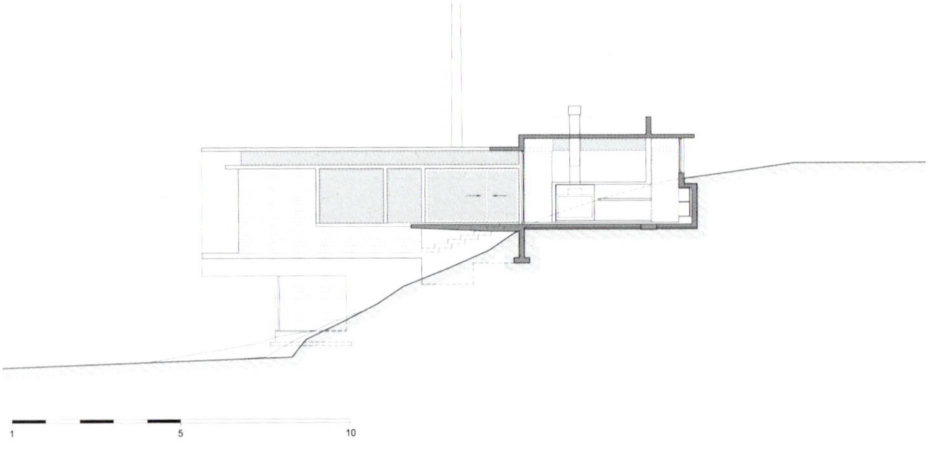
1
5
10

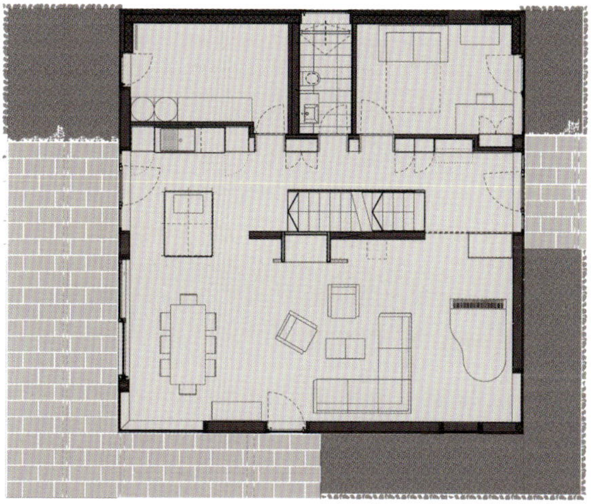

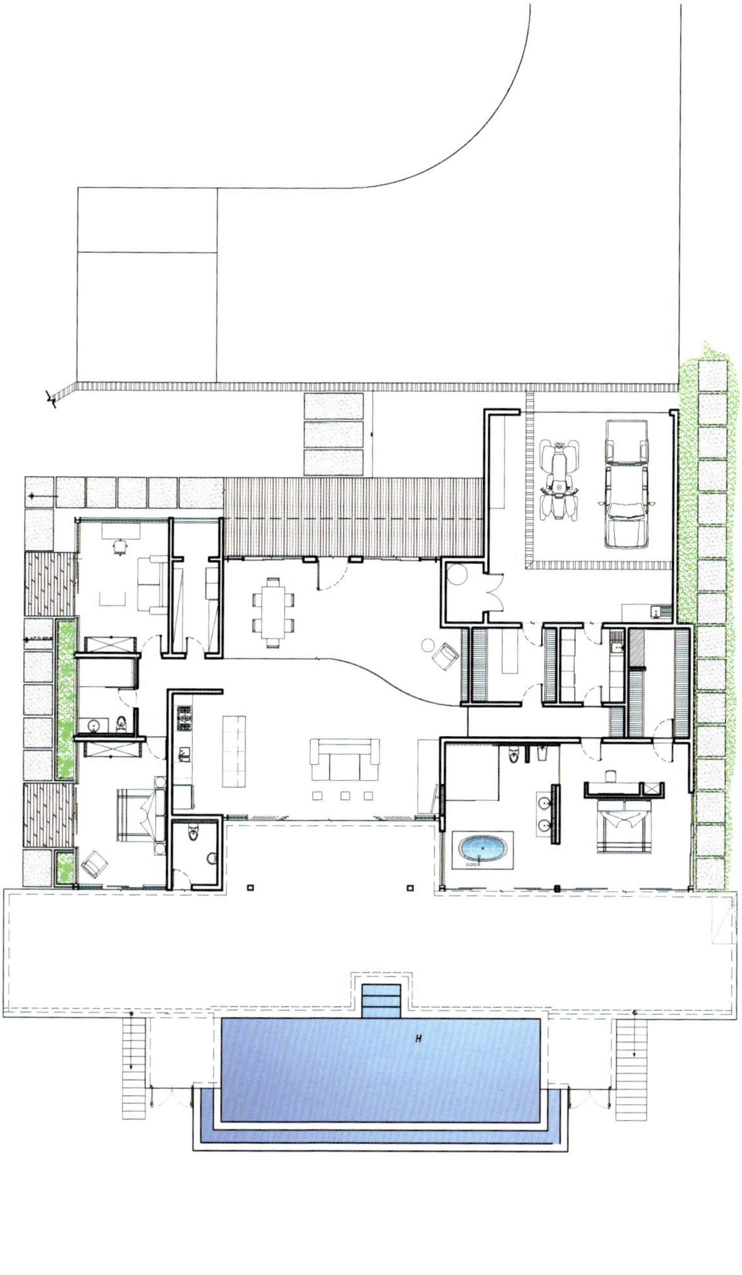
H

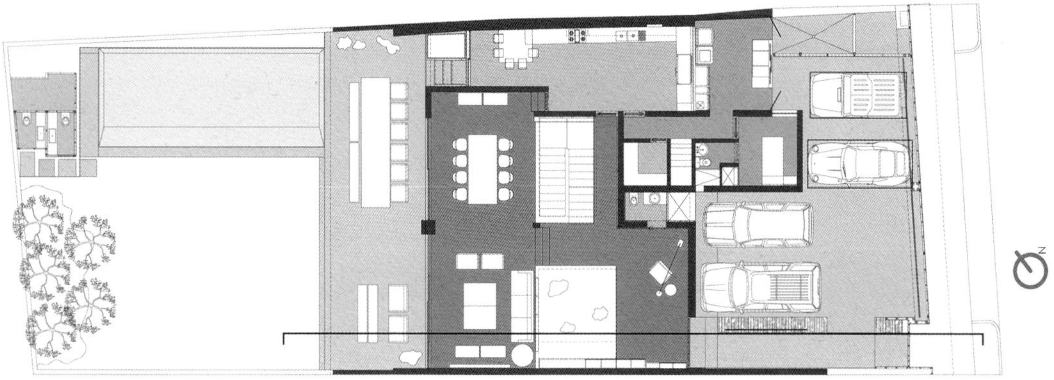

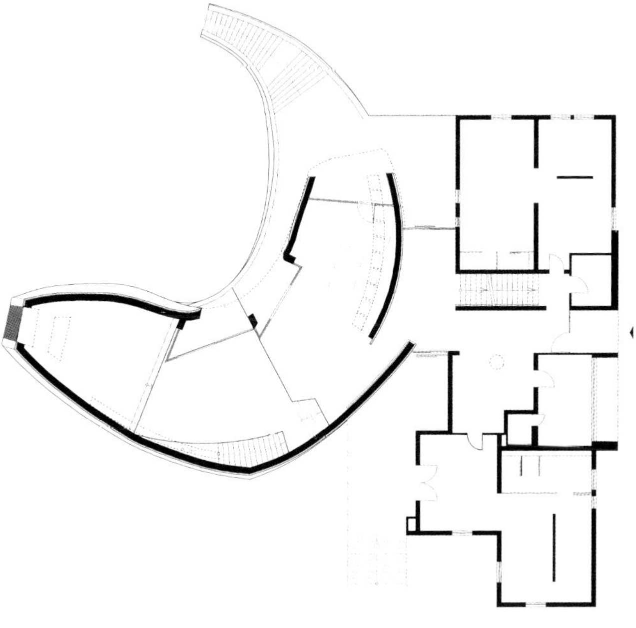

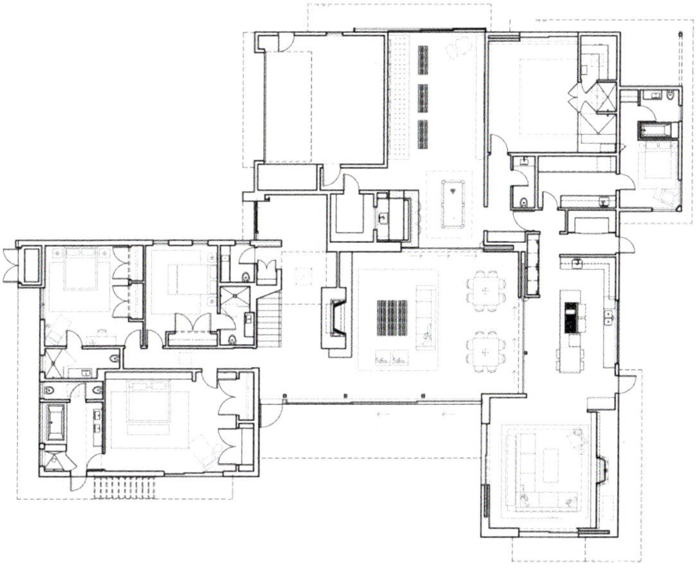

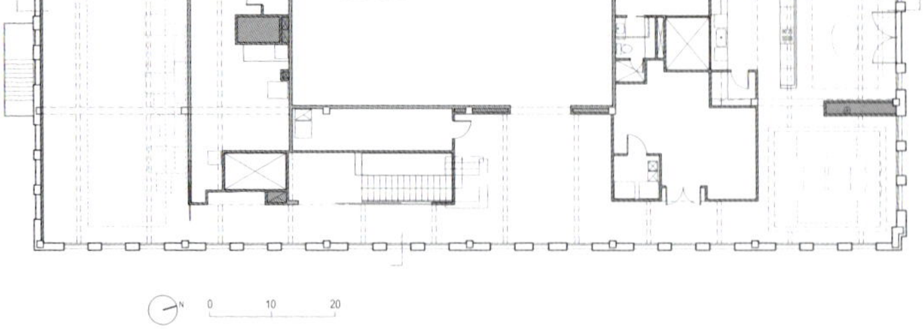
N
0
10
20

LOVE

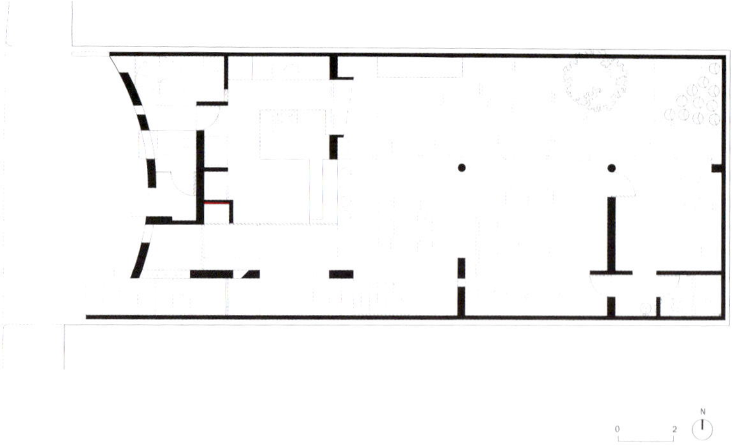
0
2
N

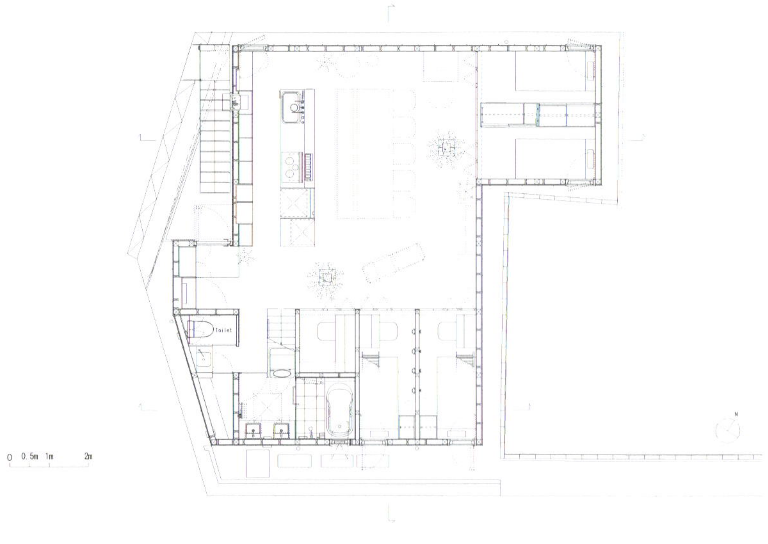

Toilet
0 0.5m 1m 2m
N

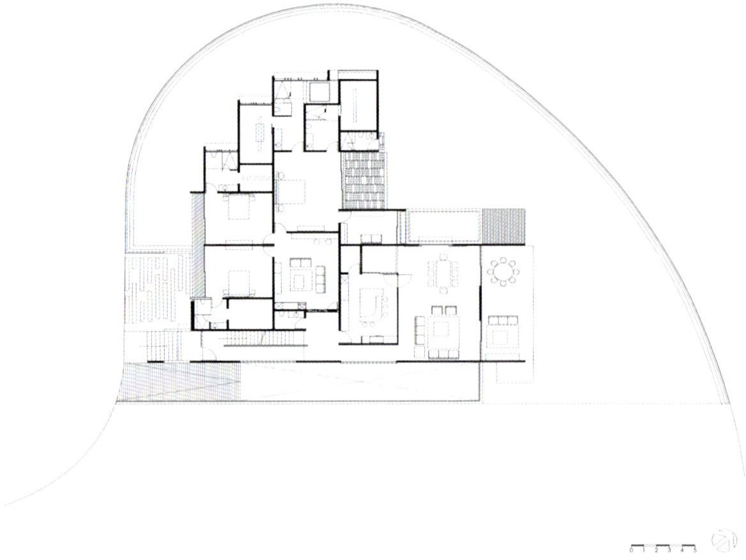

SMEG

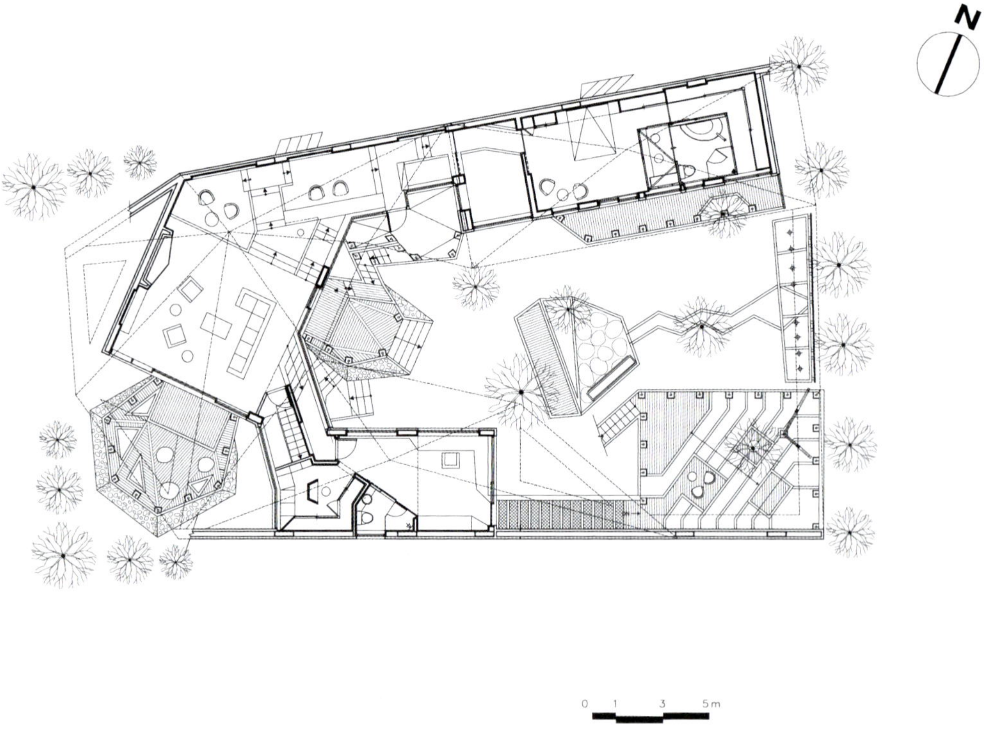
N
0 1 3 5m

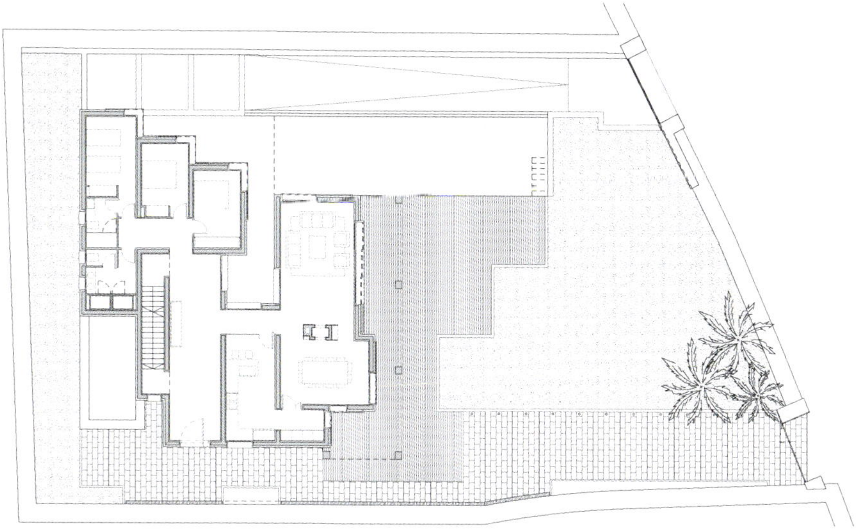

N

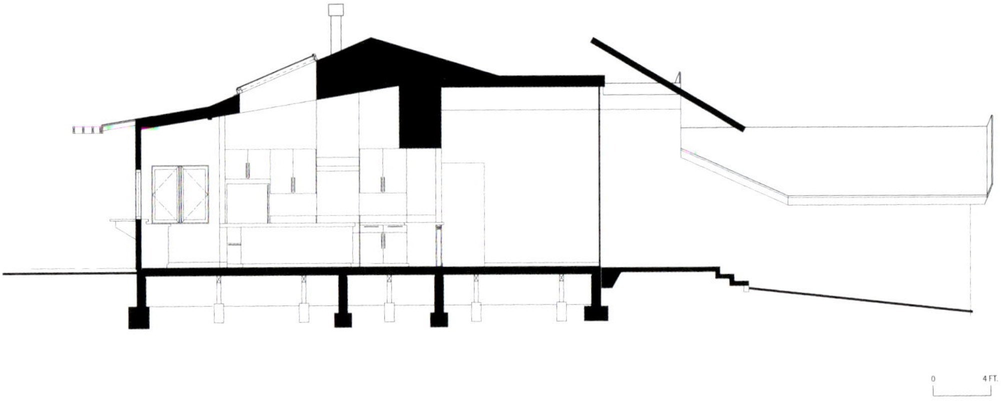
0
4 FT.

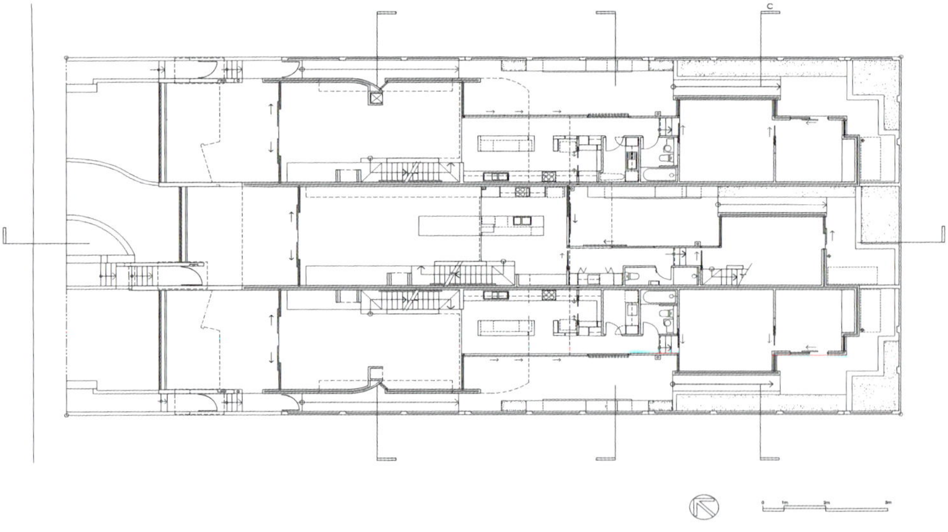

Wood
by Roberto Semprini
prod. MORELLATO

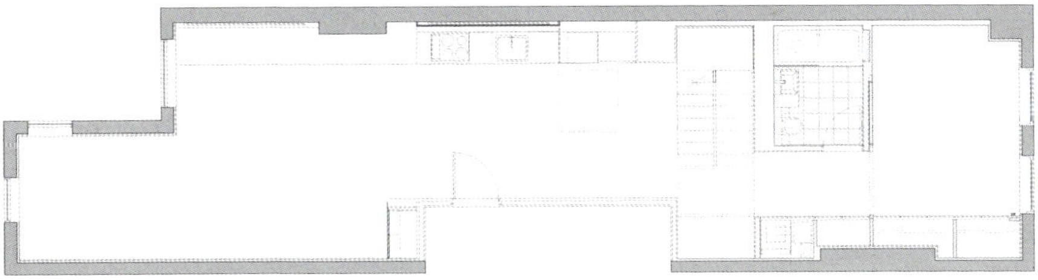

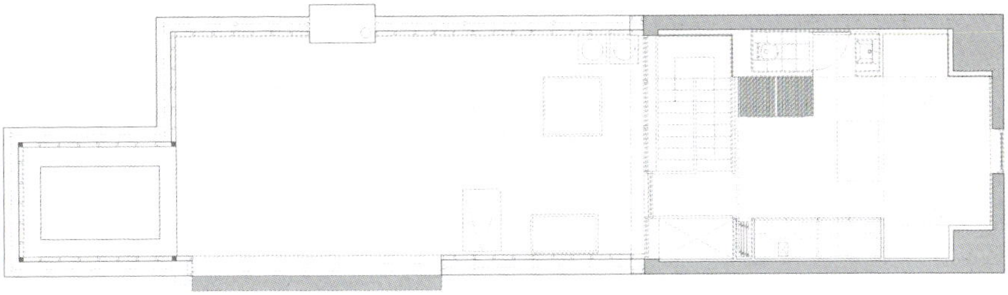

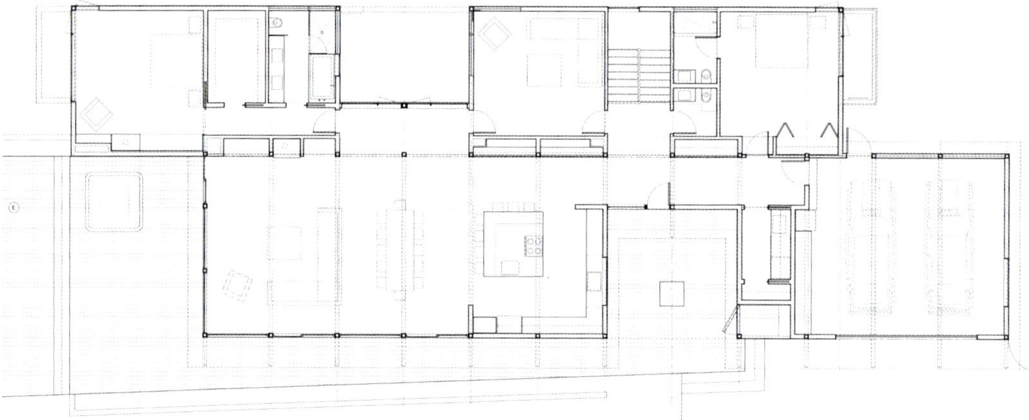

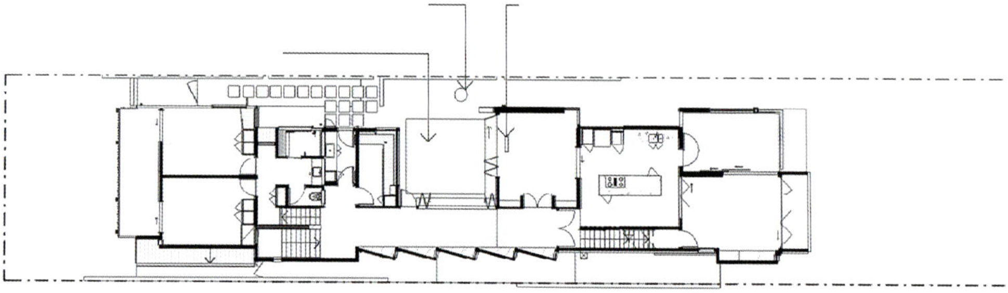

Panasonic

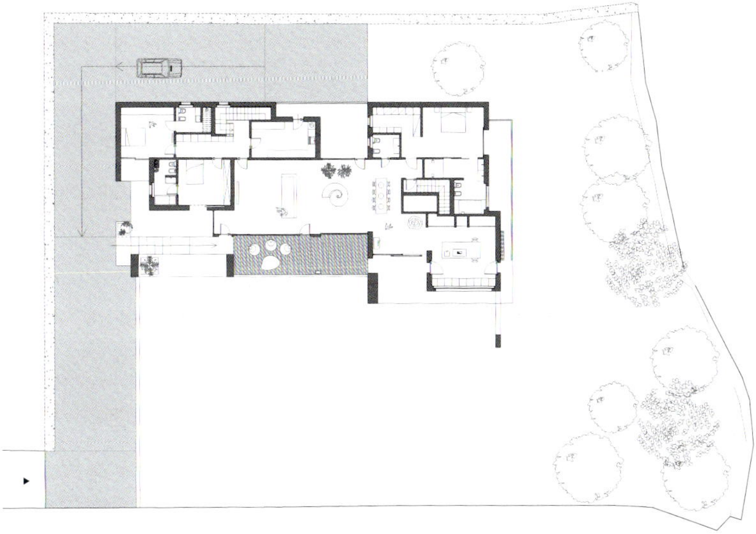

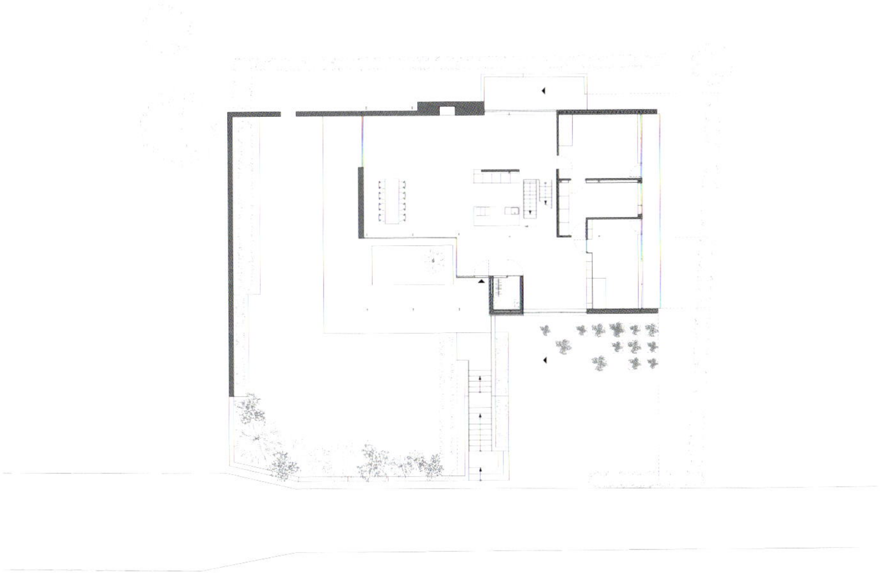

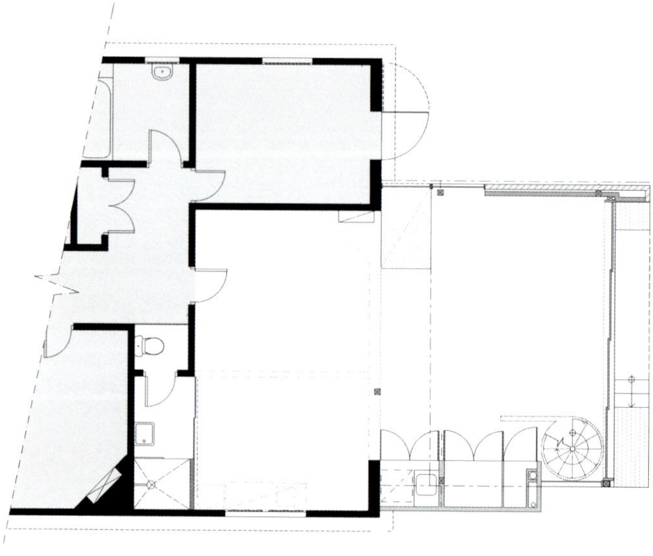

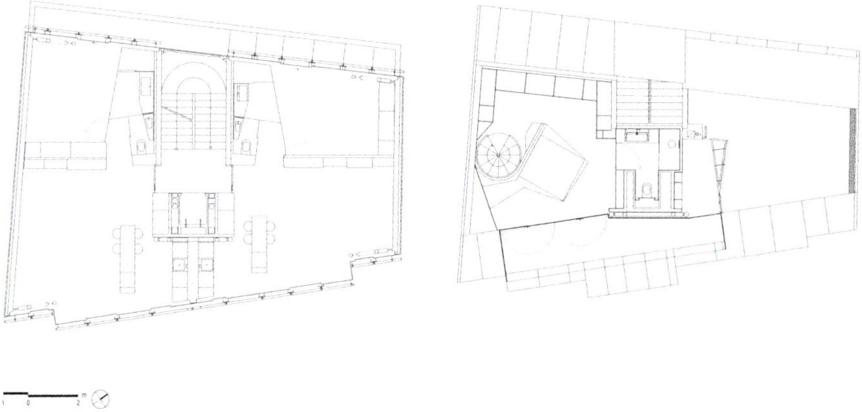

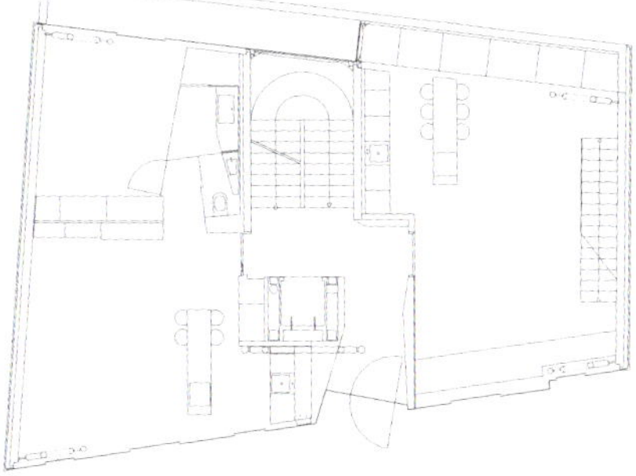

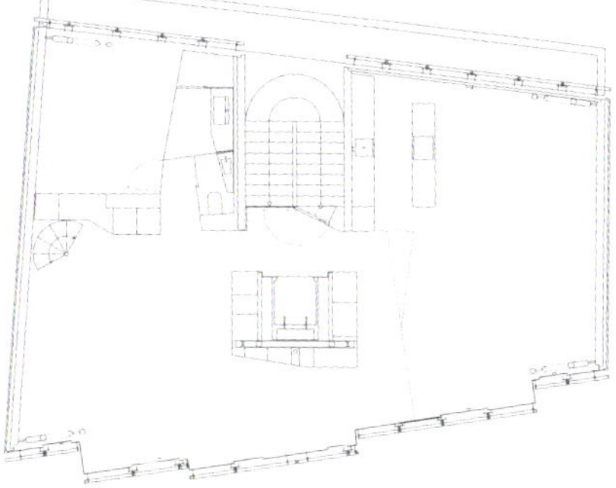

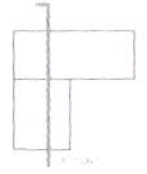

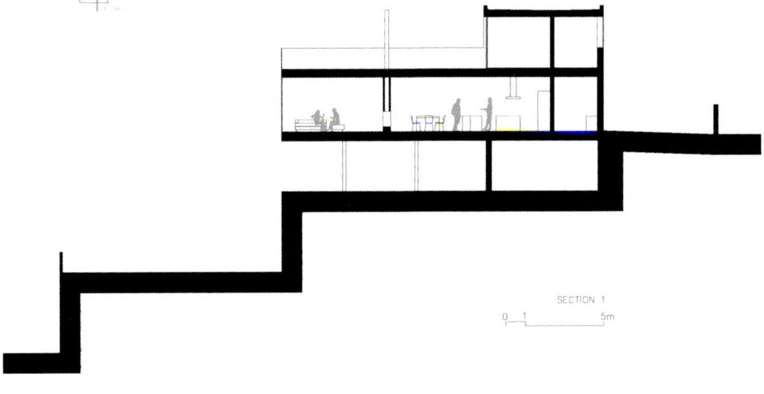
SECTION 1
0 1 5m

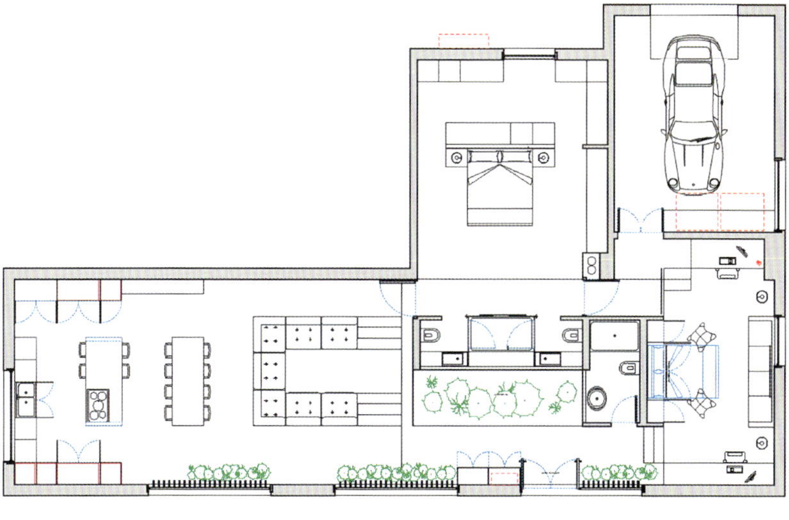

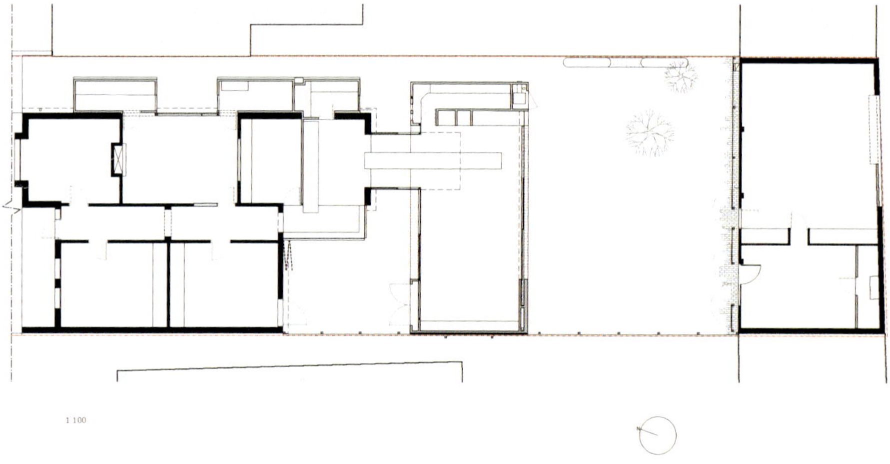

1 100

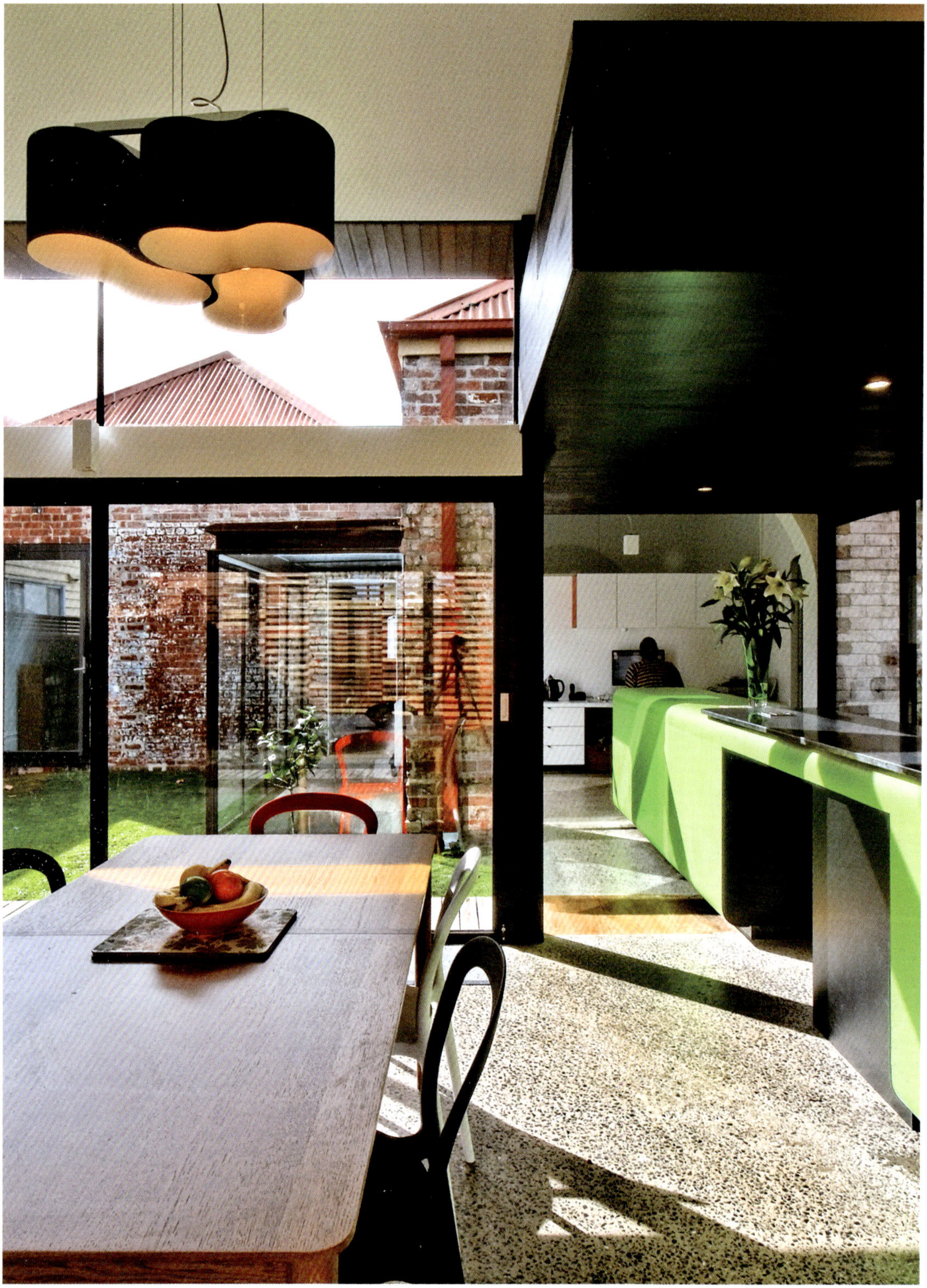

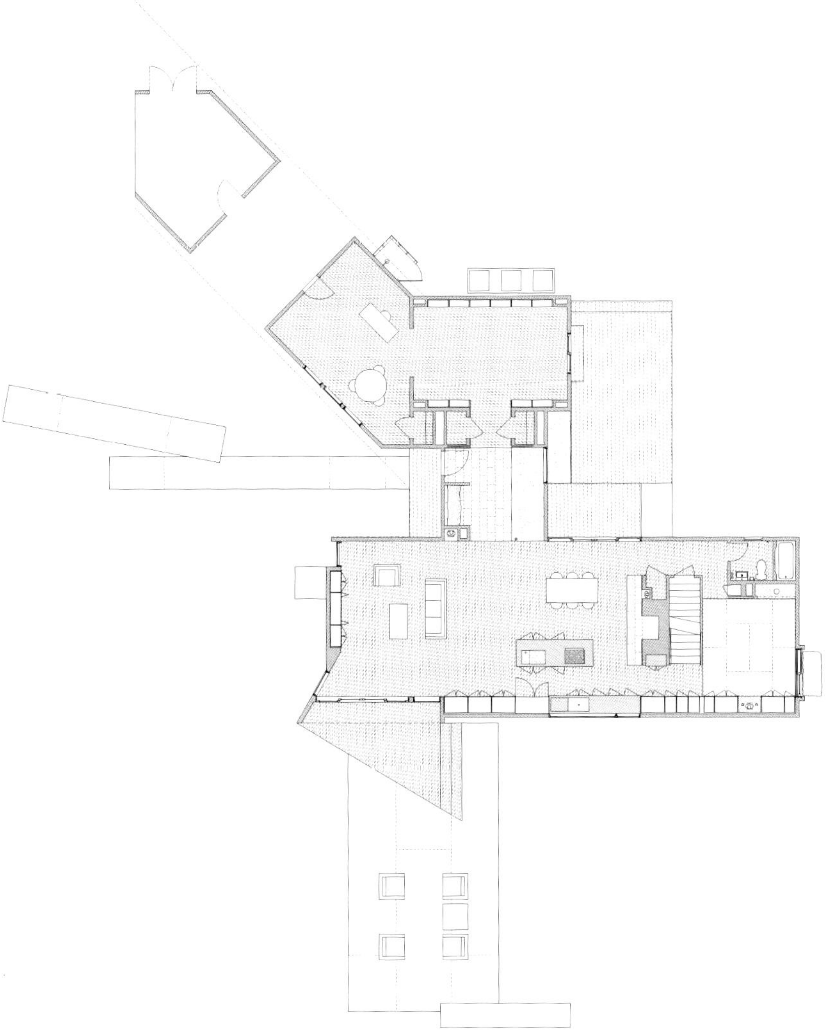

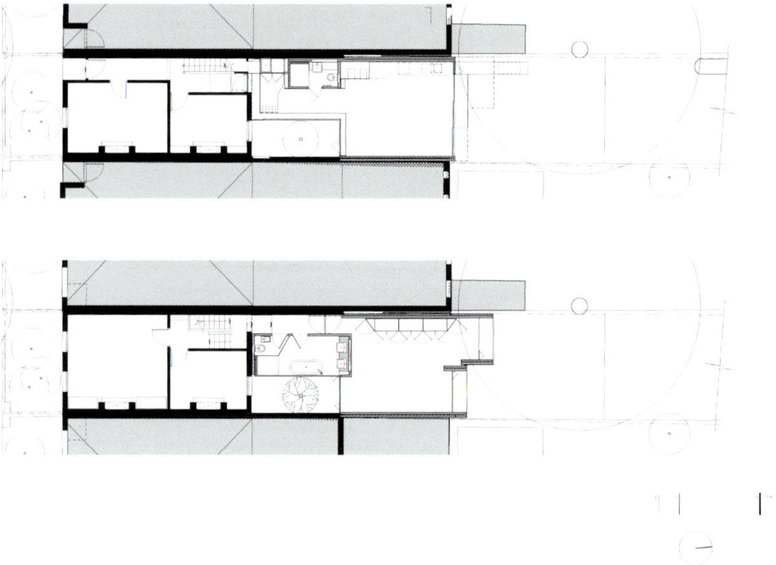

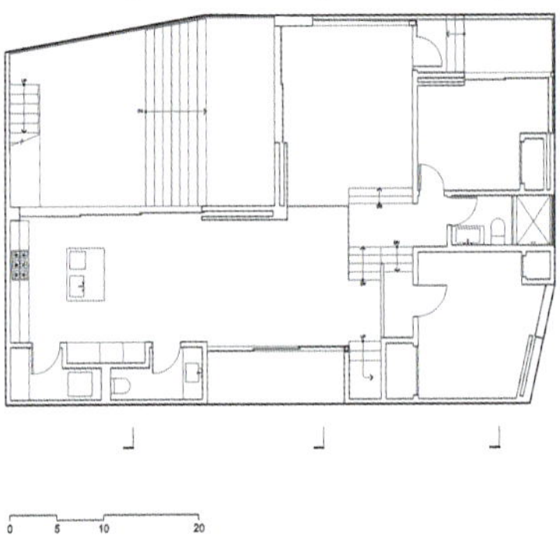
0
5
10
20

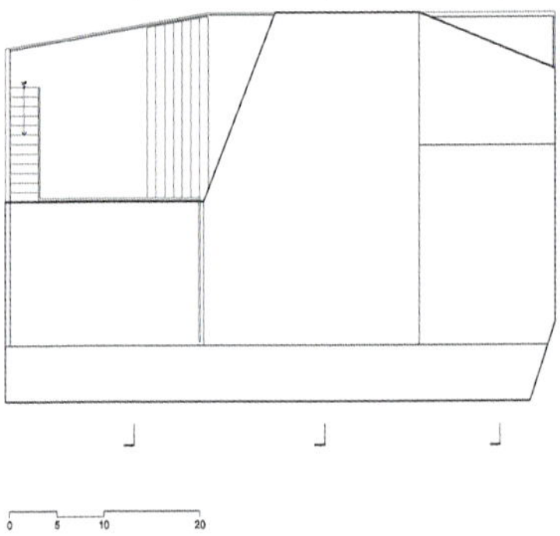
0
5
10
20

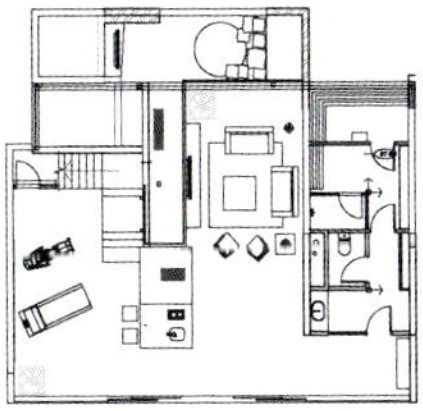

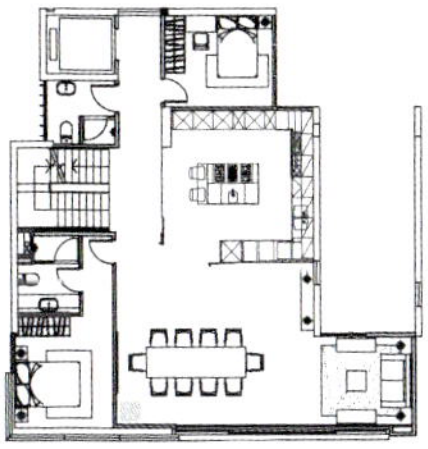

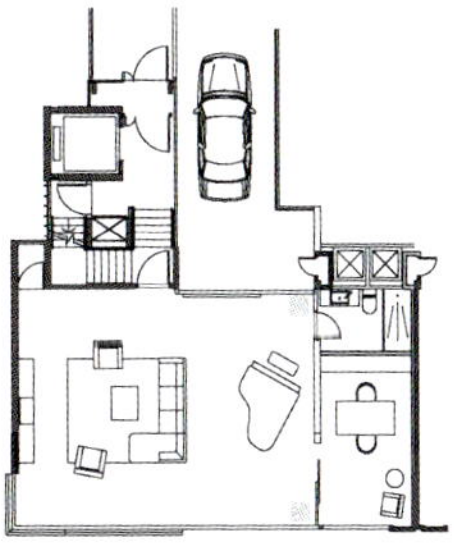

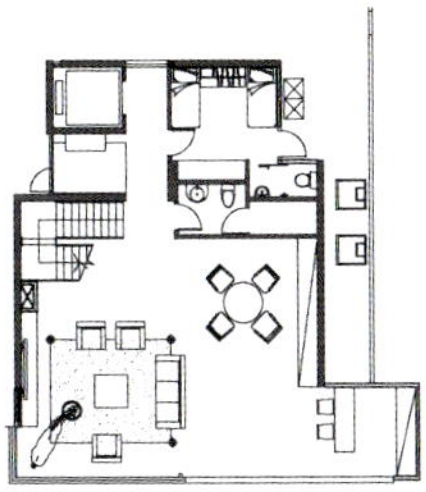

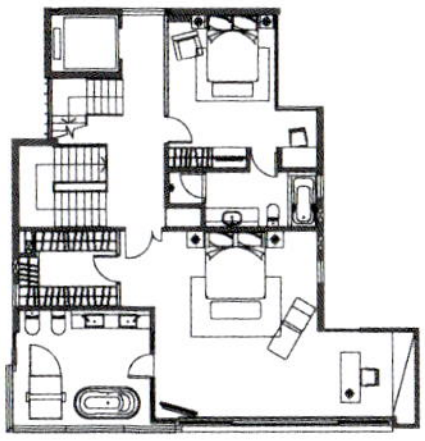

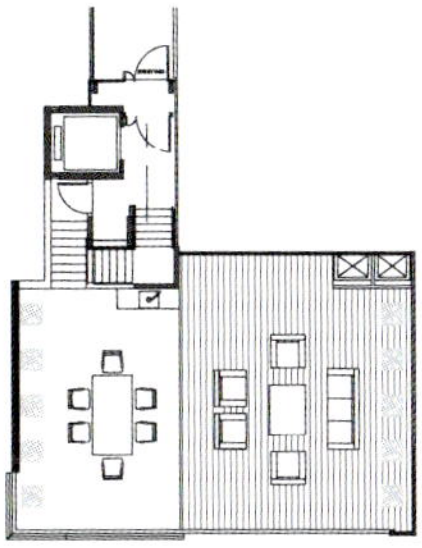

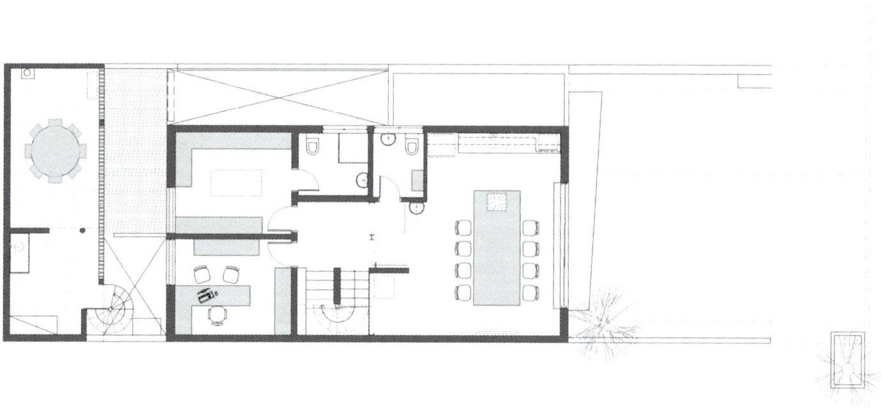

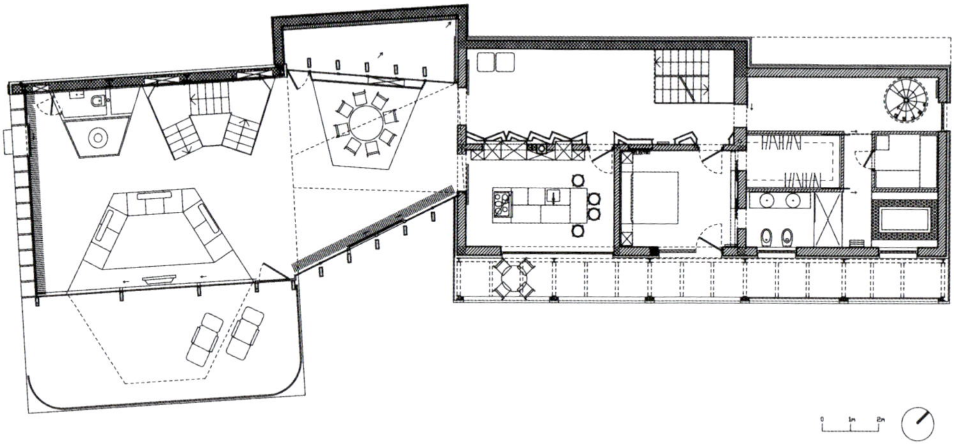

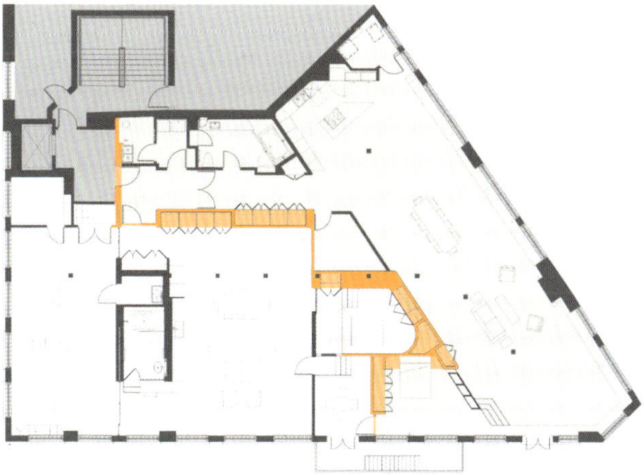

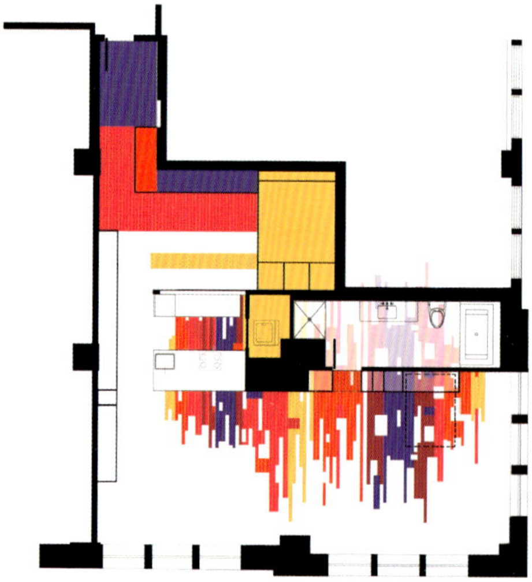

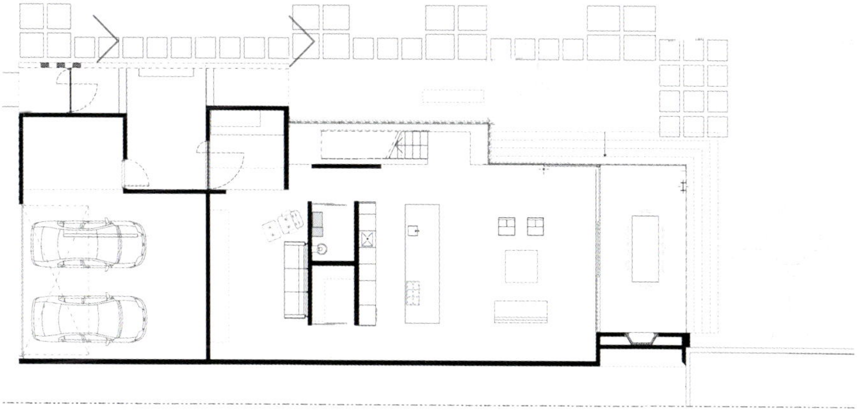

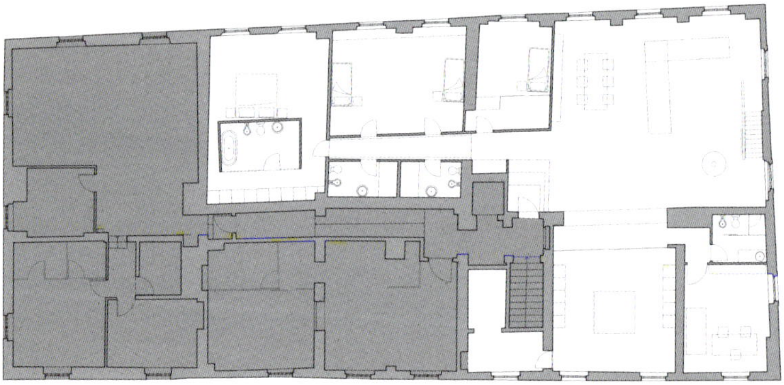

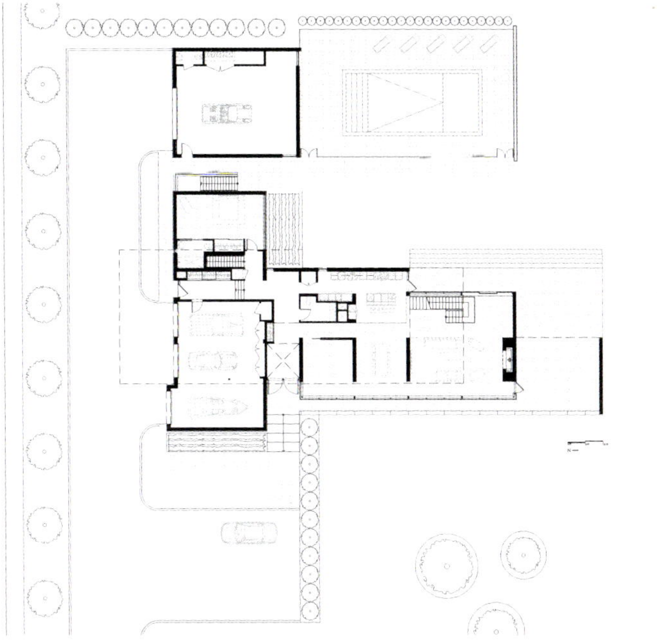

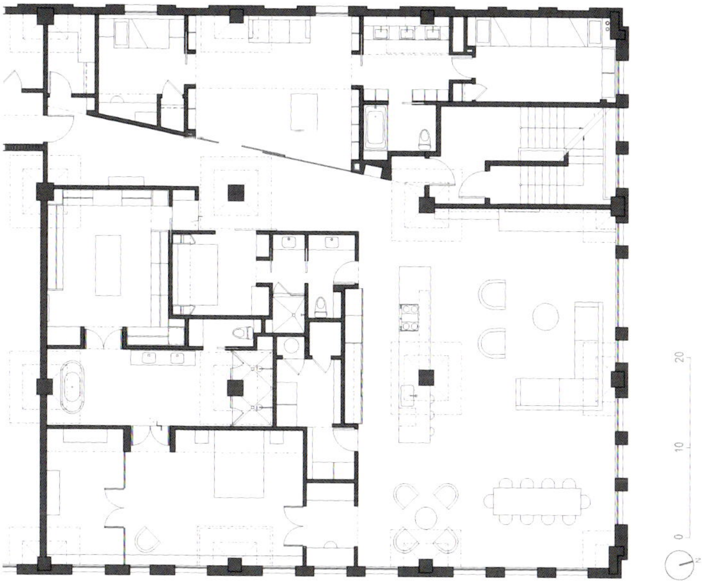

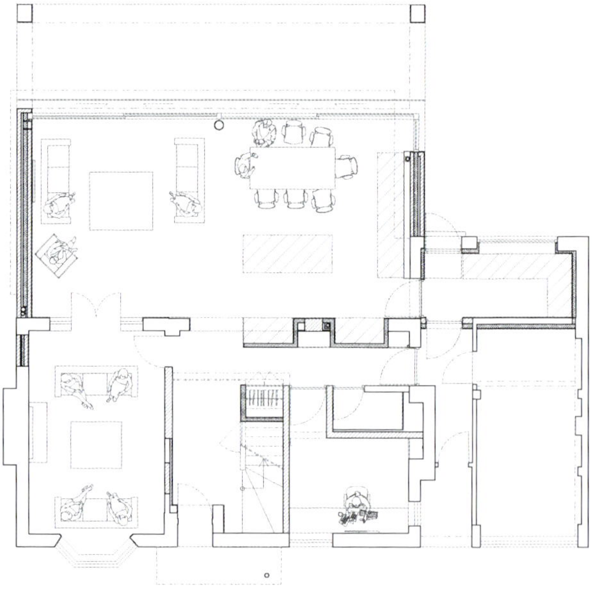

Alpen

Alpen

Alpen

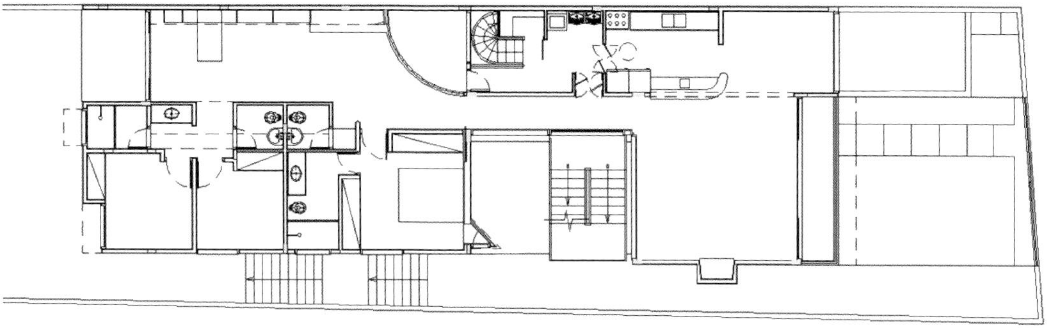

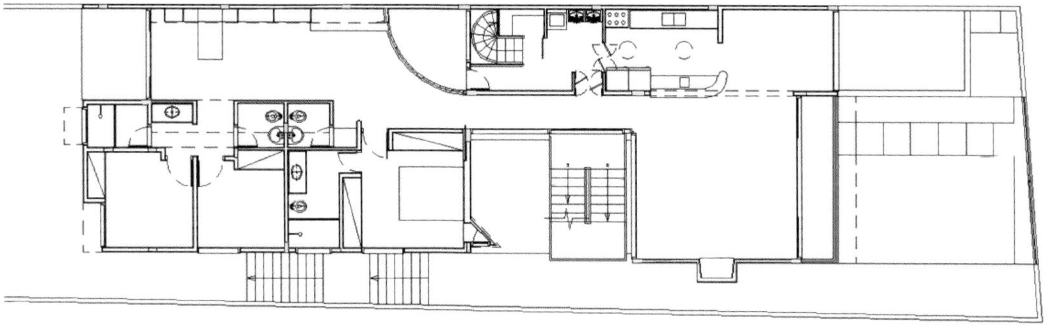

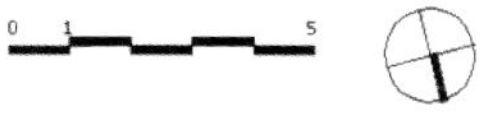
0 1 5

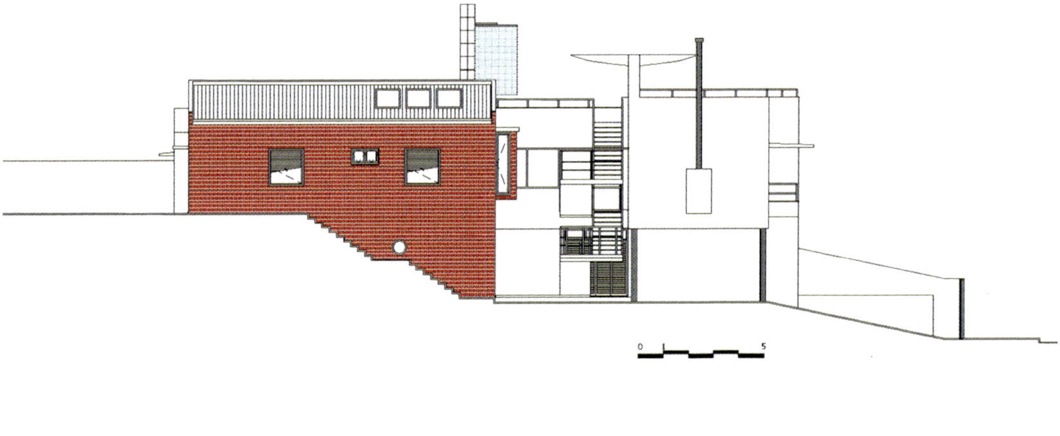
0
1
5

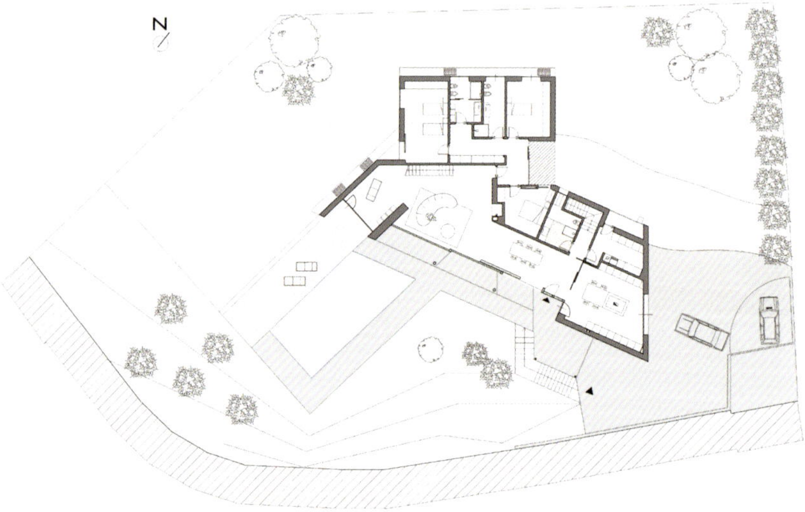
N

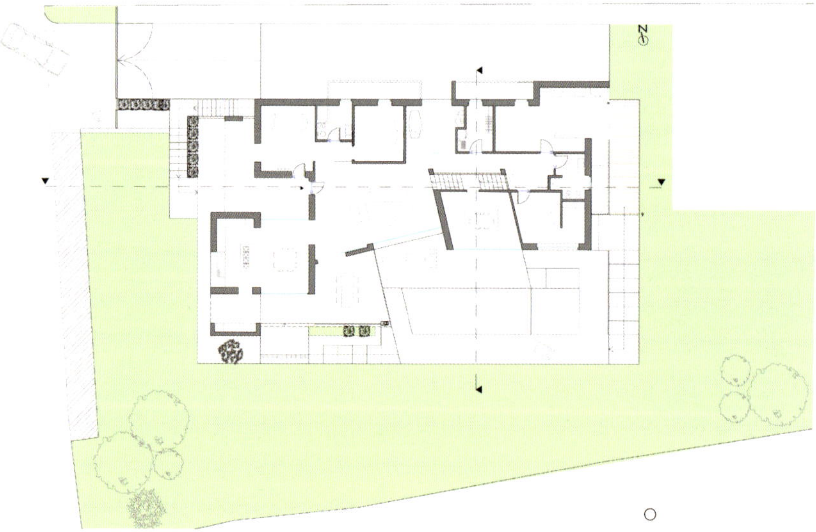

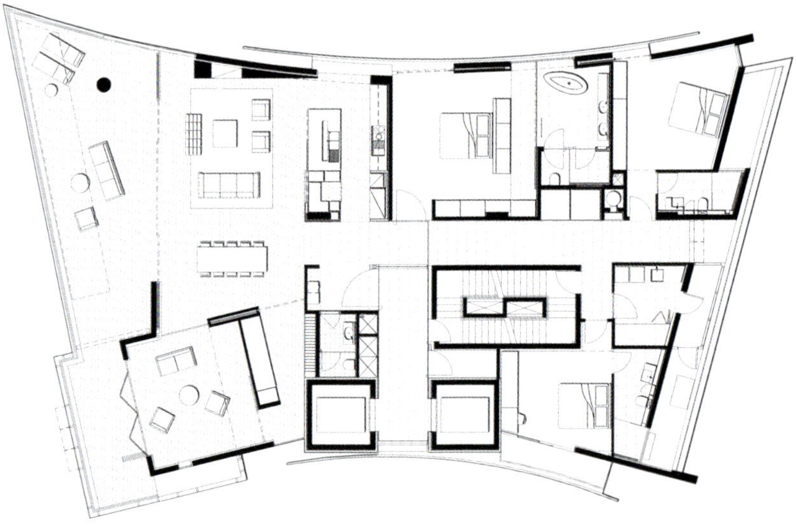

N

ROTHKO

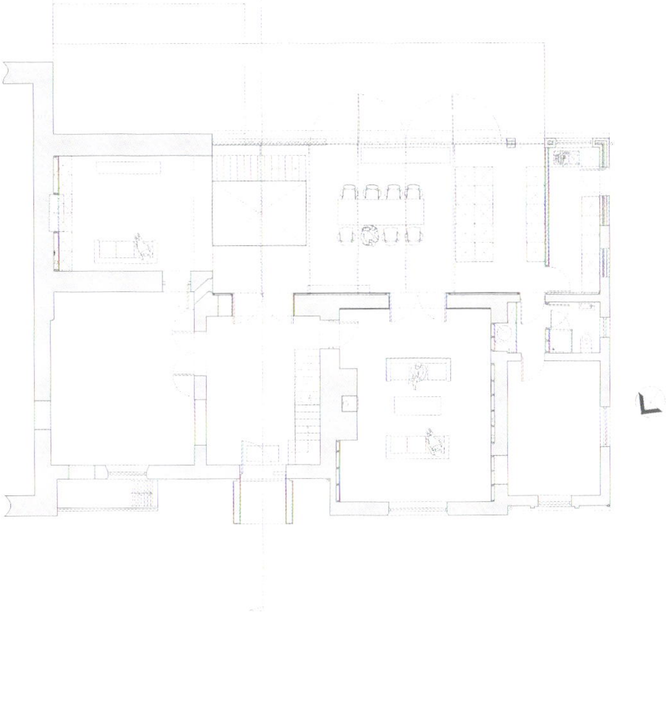

BOLLINGER
Miele

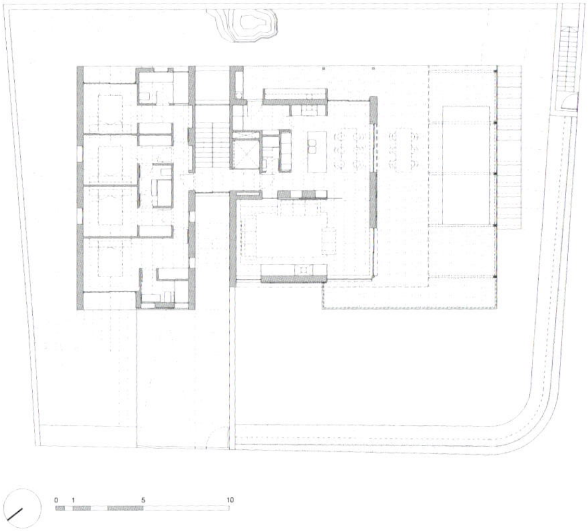
0 1 5 10

1:100

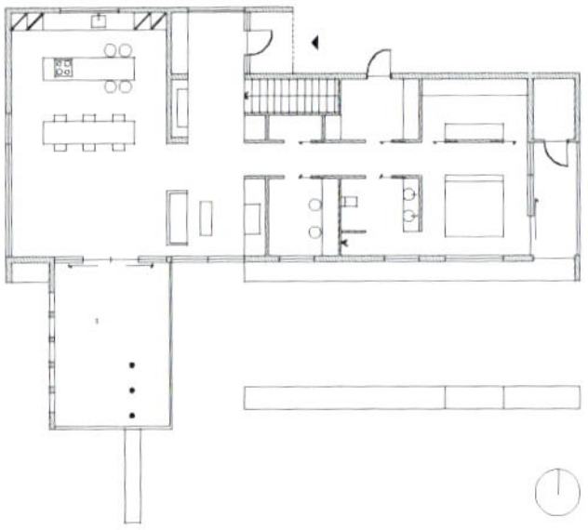

1:100

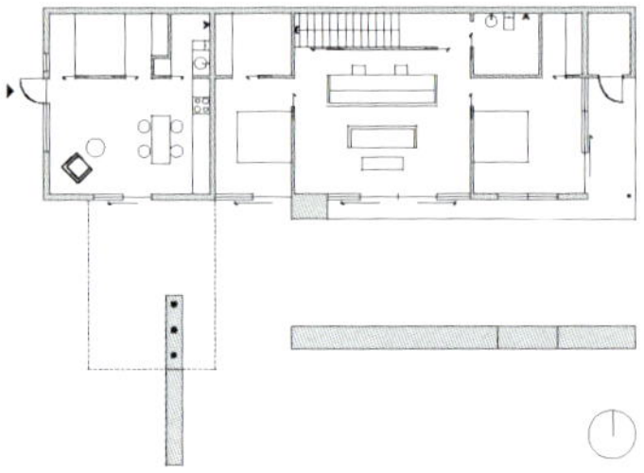

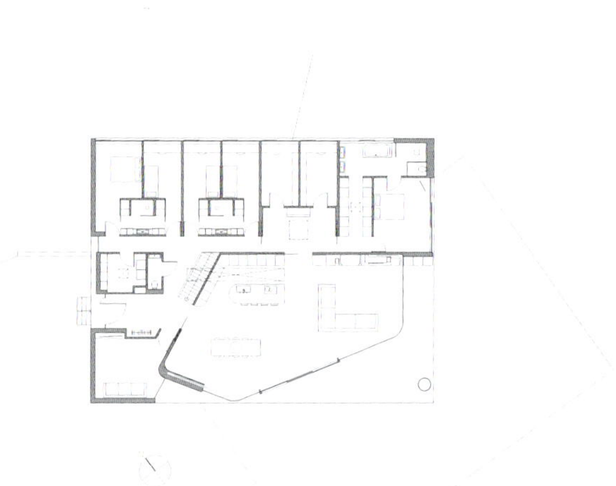

BOSCH

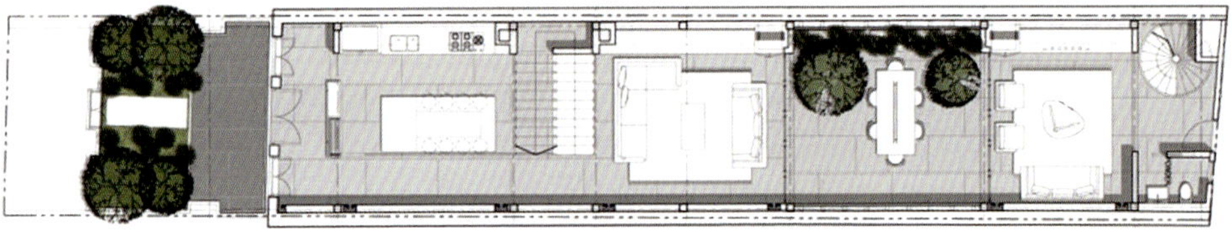

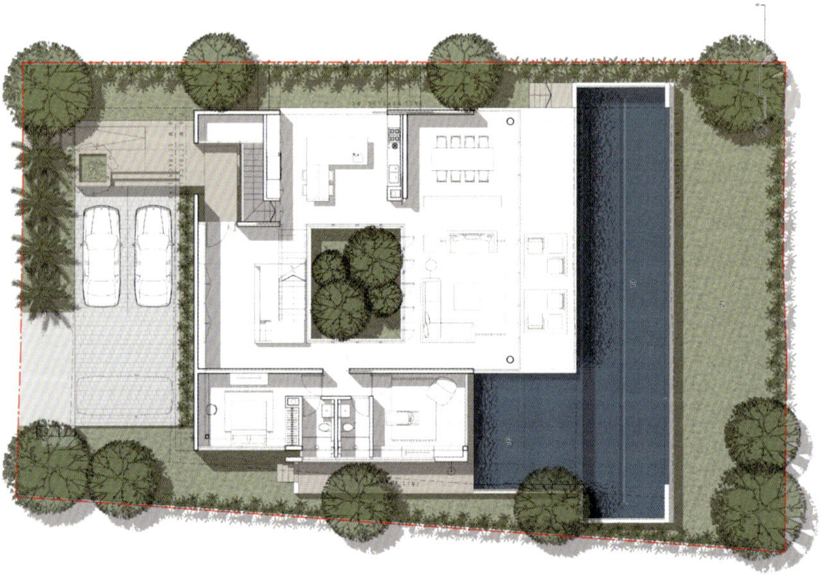

027393 000146

BAUHAUS

BOSCH

WOLF

5

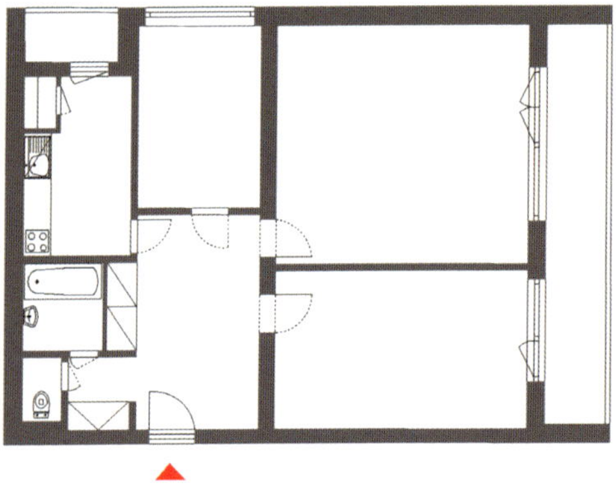

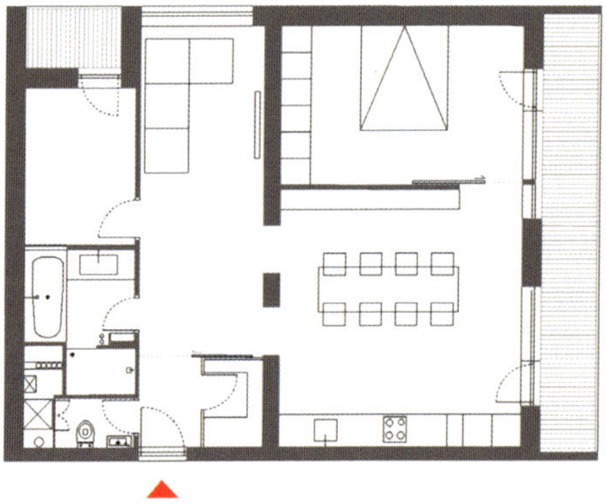

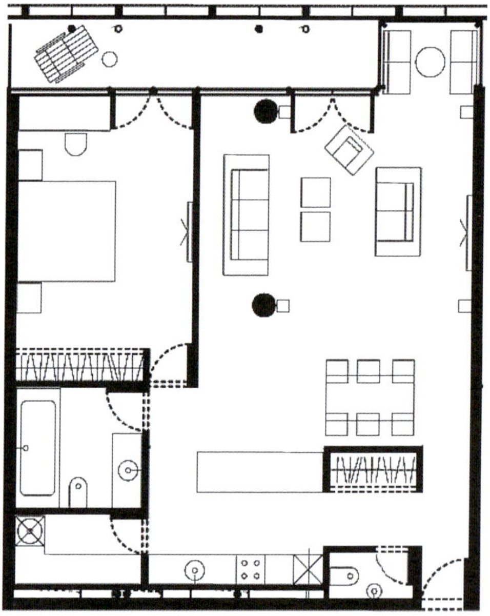

Frankfurt(M)
Mannheim

Frankfurt(M)
Mannheim

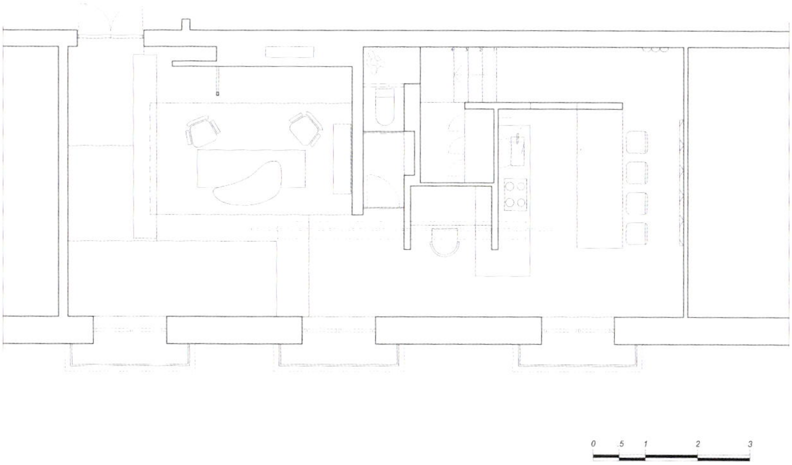
0 .5 1 2 3

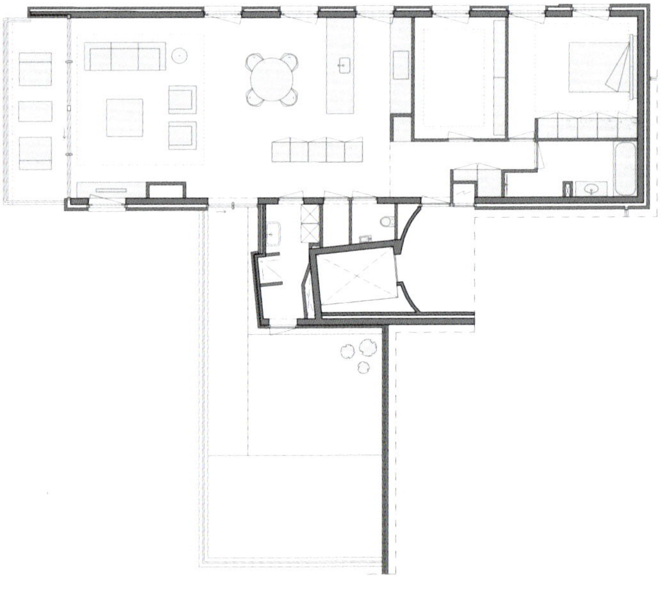

BOSCH

MANDELA
BONBON
het basiskookboek
Culinaria